GEOMETRIE UND ERFAHRUNG

ERWEITERTE FASSUNG DES FESTVORTRAGES
GEHALTEN AN DER PREUSSISCHEN AKADEMIE
DER WISSENSCHAFTEN ZU BERLIN
AM 27. JANUAR 1921

VON

ALBERT EINSTEIN

MIT 2 TEXTABBILDUNGEN

BERLIN
VERLAG VON JULIUS SPRINGER
1921

Die Mathematik genießt vor allen anderen Wissenschaften aus e i n e m Grunde ein besonderes Ansehen; ihre Sätze sind absolut sicher und unbestreitbar, während die aller andern Wissenschaften bis zu einem gewissen Grad umstritten und stets in Gefahr sind, durch neu entdeckte Tatsachen umgestoßen zu werden. Trotzdem brauchte der auf einem anderen Gebiete Forschende den Mathematiker noch nicht zu beneiden, wenn sich seine Sätze nicht auf Gegenstände der Wirklichkeit, sondern nur auf solche unserer bloßen Einbildung bezögen. Denn es kann nicht wundernehmen, wenn man zu übereinstimmenden logischen Folgerungen kommt, nachdem man sich über die fundamentalen Sätze (Axiome) sowie über die Methoden geeinigt hat, vermittels welcher aus diesen fundamentalen Sätzen andere Sätze abgeleitet werden sollen. Aber jenes große Ansehen der Mathematik ruht andererseits darauf, daß die Mathematik es auch ist, die den exakten Naturwissenschaften ein gewisses Maß von Sicherheit gibt, das sie ohne Mathematik nicht erreichen könnten.

An dieser Stelle nun taucht ein Rätsel auf, das Forscher aller Zeiten so viel beunruhigt hat. Wie ist es möglich, daß die Mathematik, die doch ein von aller Erfahrung unabhängiges Produkt des menschlichen Denkens ist, auf die Gegenstände der Wirklichkeit so vortrefflich paßt? Kann denn die menschliche Vernunft ohne Erfahrung durch bloßes Denken Eigenschaften der wirklichen Dinge ergründen?

Hierauf ist nach meiner Ansicht kurz zu antworten: Insofern sich die Sätze der Mathematik auf die Wirklichkeit beziehen, sind sie nicht sicher, und insofern sie sicher sind, beziehen sie sich nicht auf die Wirklichkeit. Die volle Klarheit über die Sachlage scheint mir erst durch diejenige Richtung in der Mathematik Besitz der Allgemeinheit geworden zu sein, welche unter dem Namen „Axiomatik" bekannt ist. Der von der Axiomatik erzielte Fortschritt besteht nämlich darin, daß durch sie das Logisch-Formale vom sachlichen oder anschaulichen Gehalt sauber getrennt wurde; nur das Logisch-Formale bildet gemäß der Axiomatik den Gegenstand der Mathematik, nicht aber der mit dem Logisch-Formalen verknüpfte anschauliche oder sonstige Inhalt.

Betrachten wir einmal von diesem Gesichtspunkte aus irgendein Axiom der Geometrie, etwa das folgende: Durch zwei Punkte des Raumes geht stets eine und nur eine Gerade. Wie ist dies Axiom im älteren und im neueren Sinne zu interpretieren?

Ältere Interpretation. Jeder weiß, was eine Gerade ist und was ein Punkt ist. Ob dies Wissen aus einem Vermögen des menschlichen Geistes oder aus der Erfahrung, aus einem Zusammenwirken beider oder sonstwoher stammt, braucht der Mathematiker nicht zu entscheiden, sondern überläßt diese Entscheidung dem Philosophen. Gestützt auf diese vor aller Mathematik gegebene Kenntnis ist das genannte Axiom (sowie alle anderen Axiome) evident, d. h. es ist der Ausdruck für einen Teil dieser Kenntnis a priori.

Neuere Interpretation. Die Geometrie handelt von Gegenständen, die mit den Worten Gerade, Punkt usw. bezeichnet werden. Irgendeine Kenntnis oder Anschauung wird von diesen Gegenständen nicht vorausgesetzt, sondern nur die Gültigkeit jener ebenfalls rein formal, d. h. losgelöst von jedem Anschauungs- und Erlebnisinhalte aufzufassenden

Axiome, von denen das genannte ein Beispiel ist. Diese Axiome sind freie Schöpfungen des menschlichen Geistes. Alle anderen geometrischen Sätze sind logische Folgerungen aus den (nur nominalistisch aufzufassenden) Axiomen. Die Axiome definieren erst die Gegenstände, von denen die Geometrie handelt. Schlick hat die Axiome deshalb in seinem Buche über Erkenntnistheorie sehr treffend als „implizite Definitionen" bezeichnet.

Diese von der modernen Axiomatik vertretene Auffassung der Axiome säubert die Mathematik von allen nicht zu ihr gehörigen Elementen und beseitigt so das mystische Dunkel, welches der Grundlage der Mathematik vorher anhaftete. Eine solche gereinigte Darstellung macht es aber auch evident, daß die Mathematik als solche weder über Gegenstände der anschaulichen Vorstellung noch über Gegenstände der Wirklichkeit etwas auszusagen vermag. Unter „Punkt", „Gerade" usw. sind in der axiomatischen Geometrie nur inhaltsleere Begriffsschemata zu verstehen. Was ihnen Inhalt gibt, gehört nicht zur Mathematik.

Anderseits ist es aber doch sicher, daß die Mathematik überhaupt und im speziellen auch die Geometrie ihre Entstehung dem Bedürfnis verdankt, etwas zu erfahren über das Verhalten wirklicher Dinge. Das Wort Geometrie, welches ja „Erdmessung" bedeutet, beweist dies schon. Denn die Erdmessung handelt von den Möglichkeiten der relativen Lagerung gewisser Naturkörper zueinander, nämlich von Teilen des Erdkörpers, Meßschnüren, Meßlatten usw. Es ist klar, daß das Begriffssystem der axiomatischen Geometrie allein über das Verhalten derartiger Gegenstände der Wirklichkeit, die wir als praktisch-starre Körper bezeichnen wollen, keine Aussagen liefern kann. Um derartige Aussagen liefern zu können, muß die Geometrie dadurch ihres nur logisch-formalen Charakters entkleidet werden, daß den leeren Begriffsschemen der axiomatischen Geometrie erlebbare Gegenstände der Wirklichkeit (Erlebnisse) zugeordnet werden. Um dies zu bewerkstelligen, braucht man nur den Satz zuzufügen:

Feste Körper verhalten sich bezüglich ihrer Lagerungsmöglichkeiten wie Körper der euklidischen Geometrie von drei Dimensionen; dann enthalten die Sätze der euklidischen Geometrie Aussagen über das Verhalten praktisch starrer Körper.

Die so ergänzte Geometrie ist offenbar eine Naturwissenschaft; wir können sie geradezu als den ältesten Zweig der Physik betrachten. Ihre Aussagen beruhen im wesentlichen auf Induktion aus der Erfahrung, nicht aber nur auf logischen Schlüssen. Wir wollen die so ergänzte Geometrie „praktische Geometrie" nennen und sie im folgenden von der „rein axiomatischen Geometrie" unterscheiden. Die Frage, ob die praktische Geometrie der Welt eine euklidische sei oder nicht, hat einen deutlichen Sinn, und ihre Beantwortung kann nur durch die Erfahrung geliefert werden. Alle Längenmessung in der Physik ist praktische Geometrie in diesem Sinne, die geodätische und astronomische Längenmessung ebenfalls, wenn man den Erfahrungssatz zu Hilfe nimmt, daß sich das Licht in gerader Linie fortpflanzt, und zwar in gerader Linie im Sinne der praktischen Geometrie.

Dieser geschilderten Auffassung der Geometrie lege ich deshalb besondere Bedeutung bei, weil es mir ohne sie unmöglich gewesen wäre, die Relativitätstheorie aufzustellen. Ohne sie wäre nämlich folgende Erwägung unmöglich gewesen: In einem relativ zu einem Inertialsystem rotierenden Bezugssystem entsprechen die Lagerungsgesetze starrer Körper wegen der Lorentz-Kontraktion nicht den Regeln der euklidischen Geometrie; also muß bei der Zulassung von

Nichtinertialsystemen als gleichberechtigten Systemen die euklidische Geometrie verlassen werden. Der entscheidende Schritt des Überganges zu allgemein kovarianten Gleichungen wäre gewiß unterblieben, wenn die obige Interpretation nicht zugrunde gelegen hätte. Lehnt man die Beziehung zwischen dem Körper der axiomatischen euklidischen Geometrie und dem praktisch-starren Körper der Wirklichkeit ab, so gelangt man leicht zu der folgenden Auffassung, welcher insbesondere der scharfsinnige und tiefe H. Poincaré gehuldigt hat: Von allen anderen denkbaren axiomatischen Geometrien ist die euklidische Geometrie durch Einfachheit ausgezeichnet. Da nun die axiomatische Geometrie a l l e i n keine Aussagen über die erlebbare Wirklichkeit enthält, sondern nur die axiomatische Geometrie in Verbindung mit physikalischen Sätzen, so dürfte es — wie auch die Wirklichkeit beschaffen sein mag — möglich und vernünftig sein, an der euklidischen Geometrie festzuhalten. Denn man wird sich lieber zu einer Änderung der physikalischen Gesetze als zu einer Änderung der axiomatischen euklidischen Geometrie entschließen, falls sich Widersprüche zwischen Theorie und Erfahrung zeigen. Lehnt man die Beziehung zwischen dem praktisch starren Körper und der Geometrie ab, so wird man sich in der Tat nicht leicht von der Konvention freimachen, daß an der euklidischen Geometrie als der einfachsten festzuhalten sei. Warum wird von Poincaré und anderen Forschern die naheliegende Äquivalenz des praktisch-starren Körpers der Erfahrung und des Körpers der Geometrie abgelehnt? Einfach deshalb, weil die wirklichen festen Körper der Natur bei genauerer Betrachtung nicht starr sind, weil ihr geometrisches Verhalten, d. h. ihre relativen Lagerungsmöglichkeiten, von Temperatur, äußeren Kräften usw. abhängen. Damit scheint die ursprüngliche, unmittelbare Beziehung zwischen Geometrie und physikalischer Wirklichkeit zerstört, und man fühlt sich zu folgender allgemeinerer Auffassung hingedrängt, welche Poincarés Standpunkt charakterisiert. Die Geometrie (G) sagt nichts über das Verhalten der wirklichen Dinge aus, sondern nur die Geometrie zusammen mit dem Inbegriff (P) der physikalischen Gesetze. Symbolisch können wir sagen, daß nur die Summe (G) + (P) der Kontrolle der Erfahrung unterliegt. Es kann also (G) willkürlich gewählt werden, ebenso Teile von (P); alle diese Gesetze sind Konventionen. Es ist zur Vermeidung von Widersprüchen nur nötig, den Rest von (P) so zu wählen, daß (G) und das totale (P) zusammen den Erfahrungen gerecht werden. Bei dieser Auffassung erscheinen die axiomatische Geometrie und der zu Konventionen erhobene Teil der Naturgesetze als erkenntnistheoretisch gleichwertig.

Sub specie aeterni hat Poincaré mit dieser Auffassung nach meiner Meinung Recht. Der Begriff des Meßkörpers sowie auch der ihm in der Relativitätstheorie koordinierte Begriff der Meßuhr findet in der wirklichen Welt kein ihm exakt entsprechendes Objekt. Auch ist klar, daß der feste Körper und die Uhr nicht die Rolle von irreduzibeln Elementen im Begriffsgebäude der Physik spielen, sondern die Rolle von zusammengesetzten Gebilden, die im Aufbau der theoretischen Physik keine selbständige Rolle spielen dürfen. Aber es ist meine Überzeugung, daß diese Begriffe beim heutigen Entwicklungsstadium der theoretischen Physik noch als selbständige Begriffe herangezogen werden müssen; denn wir sind noch weit von einer so gesicherten Kenntnis der theoretischen Grundlagen entfernt, daß wir exakte theoretische Konstruktionen jener Gebilde geben könnten.

Was ferner den Einwand angeht, daß es wirklich starre Körper in der Natur nicht gibt, und daß also die von solchen behaupteten Eigenschaften gar nicht die physische Wirklichkeit betreffen, so ist er keineswegs so tiefgehend, wie man bei flüchtiger Betrachtung meinen möchte. Denn es fällt nicht schwer, den physikalischen Zustand eines Meßkörpers so genau festzulegen, daß sein Verhalten bezüglich der relativen Lagerung zu anderen Meßkörpern hinreichend eindeutig wird, so daß man ihn für den „starren" Körper substituieren darf. Auf solche Meßkörper sollen die Aussagen über starre Körper bezogen werden.

Alle praktische Geometrie ruht auf einem der Erfahrung zugänglichen Grundsatze, den wir uns nun vergegenwärtigen wollen. Wir wollen den Inbegriff zweier auf einem praktisch-starren Körper angebrachten Marken eine Strecke nennen. Wir denken uns zwei praktisch-starre Körper und auf jedem eine Strecke markiert. Diese beiden Strecken sollen „einander gleich" heißen, wenn die Marken der einen dauernd mit den Marken der anderen zur Koinzidenz gebracht werden können. Es wird nun vorausgesetzt:

Wenn zwei Strecken einmal und irgendwo als gleich befunden sind, so sind sie stets und überall gleich.

Nicht nur die praktische euklidische Geometrie, sondern auch ihre nächste Verallgemeinerung, die praktische Riemannsche Geometrie und damit die allgemeine Relativitätstheorie, beruhen auf diesen Voraussetzungen. Von den Erfahrungsgründen, welche für das Zutreffen dieser Voraussetzung sprechen, will ich nur einen anführen. Das Phänomen der Lichtausbreitung im leeren Raum ordnet jedem Lokal-Zeit-Intervall eine Strecke, nämlich den zugehörigen Lichtweg, zu und umgekehrt. Damit hängt es zusammen, daß die oben für Strecken angegebene Voraussetzung in der Relativitätstheorie auch für Uhr-Zeit-Intervalle gelten muß. Sie kann dann so formuliert werden: Gehen zwei ideale Uhren irgendwann und irgendwo gleich rasch (wobei sie unmittelbar benachbart sind), so gehen sie stets gleich rasch, unabhängig davon, wo und wann sie am gleichen Orte miteinander verglichen werden. Wäre dieser Satz für die natürlichen Uhren nicht gültig, so würden die Eigenfrequenzen der einzelnen Atome desselben chemischen Elements nicht so genau miteinander übereinstimmen, wie es die Erfahrung zeigt. Die Existenz scharfer Spektrallinien bildet einen überzeugenden Erfahrungsbeweis für den genannten Grundsatz der praktischen Geometrie. Hierauf beruht es in letzter Linie, daß wir in sinnvoller Weise von einer Metrik im Sinne Riemanns des vierdimensionalen Raum-Zeit-Kontinuums sprechen können.

Die Frage, ob dieses Kontinuum euklidisch oder gemäß dem allgemeinen Riemannschen Schema oder noch anders strukturiert sei, ist nach der hier vertretenen Auffassung eine eigentlich physikalische Frage, die durch die Erfahrung beantwortet werden muß, keine Frage bloßer nach Zweckmäßigkeitsgründen zu wählender Konvention. Die Riemannsche Geometrie wird dann gelten, wenn die Lagerungsgesetze praktisch-starrer Körper desto genauer in diejenigen der Körper der euklidischen Geometrie übergehen, je kleiner die Abmessungen des ins Auge gefaßten raum-zeitlichen Gebietes sind.

Die hier vertretene physikalische Interpretation der Geometrie versagt zwar bei ihrer unmittelbaren Anwendung auf Räume von submolekularer Größenordnung. Einen Teil ihrer Bedeutung behält sie indessen auch noch den Fragen der Konstitution der Elementarteilchen gegenüber. Denn man kann versuchen, denjenigen Feldbegriffen, welche man zur Beschreibung des geometrischen Verhaltens von gegen das Molekül großen Körpern physikalisch definiert hat, auch dann physikalische Bedeutung zuzuschreiben, wenn es sich um die Beschreibung der elektrischen Elementarteilchen handelt, die die Materie konstituieren. Nur der Erfolg kann über die Berechtigung eines solchen Versuches entscheiden, der den Grundbegriffen der Riemannschen Geometrie über ihren physikalischen Definitionsbereich hinaus physikalische Realität zuspricht. Möglicherweise könnte es sich zeigen, daß diese Extrapolation ebensowenig angezeigt ist wie diejenige des Temperaturbegriffes auf Teile eines Körpers von molekularer Größenordnung.

Weniger problematisch erscheint die Ausdehnung der Begriffe der praktischen Geometrie auf Räume von kosmischer Größenordnung. Man könnte zwar einwenden, daß eine aus festen Stäben gebildete Konstruktion sich von dem Starrheitsideal desto mehr entfernt, je größer ihre räumliche Erstreckung ist. Aber man wird diesem Einwand wohl schwerlich prinzipielle Bedeutung zuschreiben dürfen. Deshalb erscheint mir auch die Frage, ob die Welt räumlich endlich sei oder nicht, eine im Sinne der praktischen Geometrie durchaus sinnvolle Frage zu sein. Ich halte es nicht einmal für ausgeschlossen, daß diese Frage in absehbarer Zeit von der Astronomie beantwortet werden wird. Vergegenwärtigen wir uns, was die allgemeine Relativitätstheorie in dieser Beziehung lehrt. Nach dieser gibt es zwei Möglichkeiten.

1. Die Welt ist räumlich unendlich. Dies ist nur möglich, wenn die durchschnittliche räumliche Dichte der in den Sternen konzentrierten Materie im Weltraume verschwindet, d. h. wenn das Verhältnis der Gesamtmasse der Sterne zur Größe des Raumes, über welchen sie verstreut sind, sich unbegrenzt dem Werte Null nähert, wenn man die in Betracht gezogenen Räume immer größer werden läßt.

2. Die Welt ist räumlich endlich. Dies muß der Fall sein, wenn es eine von Null verschiedene mittlere Dichte der ponderablen Materie im Weltraume gibt. Das Volumen des Weltraumes ist desto größer, je kleiner jene mittlere Dichte ist.

Ich will nicht unerwähnt lassen, daß ein theoretischer Grund für die Hypothese von der Endlichkeit der Welt geltend gemacht werden kann. Die allgemeine Relativitätstheorie lehrt, daß die Trägheit eines bestimmten Körpers desto größer ist, je mehr ponderable Massen sich in seiner Nähe befinden; es erscheint demnach überhaupt naheliegend, die gesamte Trägheitswirkung eines Körpers auf Wechselwirkung zwischen ihm und den übrigen Körpern der Welt zurückzuführen, wie ja auch die Schwere seit Newton vollständig auf Wechselwirkung zwischen den Körpern zurückgeführt ist. Es läßt sich aus den Gleichungen der allgemeinen Relativitätstheorie ableiten, daß diese restlose Zurückführung der Trägheit auf Wechselwirkung zwischen den Massen — wie sie z. B. E. Mach gefordert hat — nur dann möglich ist, wenn die Welt räumlich endlich ist.

Auf viele Physiker und Astronomen macht dieses Argument keinen Eindruck. In letzter Linie kann in der Tat nur die Erfahrung darüber entscheiden, welche der beiden Möglichkeiten in der Natur realisiert ist; wie kann die Erfahrung eine Antwort liefern? Zunächst könnte man meinen, daß sich die mittlere Dichte der Materie durch Beobachtung des unserer Wahrnehmung zugänglichen Teils des Weltalls bestimmen lasse. Diese Hoffnung ist trügerisch. Die Verteilung der sichtbaren Sterne ist eine ungeheuer unregelmäßige, so daß wir keineswegs wagen dürfen, die mittlere Dichte der Sternmaterie in der Welt etwa der mittleren Dichte in der Milchstraße gleichzusetzen. Überhaupt könnte man — wie groß auch der durchforschte Raum sein mag — immer argwöhnen, daß außerhalb dieses Raumes keine Sterne mehr seien. Eine Abschätzung der mittleren Dichte erscheint also ausgeschlossen.

Es gibt aber noch einen zweiten Weg, der mir eher

gangbar scheint, wenngleich auch dieser große Schwierig-
keiten bietet. Fragen wir nämlich nach den Abweichungen,
welche die der astronomischen Erfahrung zugänglichen
Konsequenzen der allgemeinen Relativitätstheorie gegenüber denen der Newtonschen Theorie bieten, so ergibt sich
zunächst eine in großer Nähe der gravitierenden Masse sich
geltend machende Abweichung, welche sich am Merkur
hat bestätigen lassen. Für den Fall, daß die Welt räumlich
endlich ist, gibt es aber noch eine zweite Abweichung von
der Newtonschen Theorie, die sich in der Sprache der Newtonschen Theorie so ausdrücken läßt: Das Gravitationsfeld
ist so beschaffen, wie wenn es außer von den ponderabeln
Massen noch von einer Massendichte negativen Vor-
zeichens hervorgerufen wäre, die gleichmäßig über den Raum
verteilt ist. Da diese fingierte Massendichte ungeheuer klein
sein müßte, so könnte sie sich nur in gravitierenden Systemen
von sehr großer Ausdehnung bemerkbar machen.

Angenommen, wir kennen etwa die statistische Verteilung der Sterne in der Milchstraße sowie deren Massen.
Dann können wir das Gravitationsfeld nach Newtons Gesetz berechnen sowie die mittleren Geschwindigkeiten,
welche die Sterne haben müssen, damit die Milchstraße
durch die gegenseitigen Wirkungen ihrer Sterne nicht in
sich zusammenstürze, sondern ihre Ausdehnung aufrecht-
erhalte. Wenn nun die wirklichen Geschwindigkeiten der
Sterne, welche sich ja messen lassen, kleiner wären als die
berechneten, so wäre der Nachweis geführt, daß die wirklichen Anziehungen auf große Entfernungen kleiner seien
als nach Newtons Gesetz. Aus einer solchen Abweichung
könnte man die Endlichkeit der Welt indirekt beweisen
und sogar ihre räumliche Größe abschätzen.

Können wir uns eine dreidimensionale, endliche und
doch grenzenlose Welt anschaulich vorstellen?

Auf diese Frage wird meist mit „nein" geantwortet, aber mit Unrecht. Dies darzutun, ist der Zweck der folgenden Ausführungen. Ich will zeigen, daß wir uns ohne sonderliche Mühe zu der Theorie von der Endlichkeit der Welt ein anschauliches Bild machen können, in dem wir uns bei einiger Übung leicht heimisch fühlen.

Zuerst eine Bemerkung erkenntnistheoretischer Art. Eine geometrisch-physikalische Theorie ist als solche zunächst notwendig unanschaulich, ein bloßes System von Begriffen. Aber diese Begriffe dienen dazu, eine Vielheit von wirklichen oder gedachten sinnlichen Erlebnissen in gedanklichen Zusammenhang zu bringen. Eine Theorie „veranschaulichen" heißt also jene Fülle von Erlebnissen zur Vorstellung bringen, deren schematische Ordnung durch die Theorie geleistet wird. In unserem Falle haben wir uns zu fragen: Wie läßt sich dasjenige Verhalten fester Körper in bezug auf ihre gegenseitige Lagerung (Berührung) vorstellen, das der Theorie von der Endlichkeit der Welt entspricht? Alles, was ich in dieser Beziehung vorzubringen habe, entbehrt eigentlich der Neuheit; aber unzählige an mich gestellte Anfragen beweisen mir, daß in dieser Beziehung dem Bedürfnis der wißbegierigen Menschen noch nicht vollständig Genüge geleistet ist. Der Eingeweihte verzeihe deshalb, wenn ich zum Teil längst Bekanntes vorbringe.

Was wollen wir ausdrücken, wenn wir sagen, unser Raum sei unendlich? Nichts anderes, als daß wir beliebig viele gleich große Körper aneinander legen könnten, ohne daß er jemals voll würde. Denken wir uns viele gleich große würfelförmige Kisten hergestellt, so können wir sie nach der euklidischen Geometrie so übereinander, nebeneinander und hintereinander legen, daß ein beliebig großer Raumteil erfüllt wird; aber diese Konstruktion würde nie zu Ende sein; immer neue Würfel ließen sich außen anlegen, ohne daß je Platzmangel einträte. Dies wollen wir ausdrücken, wenn wir sagen, der Raum sei unendlich. Besser wäre es zu sagen: der Raum ist unendlich in bezug auf praktisch-starre Körper, vorausgesetzt, daß die Lagerungsgesetze für die letzteren durch die euklidische Geometrie gegeben sind.

Ein anderes Beispiel eines unendlichen Kontinuums ist die Ebene. Auf einer Ebene können wir quadratische Plättchen aus Karton so nebeneinander anlegen, daß jeweilen an alle vier Seiten eines Kartonquadrats je eine Seite eines Kartonquadrats anliegt. Die Konstruktion wird nie fertig; immer neue Kartonquadrate lassen sich anlegen — falls deren Lagerungsgesetze denen ebener Figuren der euklidischen Geometrie entsprechen. Die Ebene ist also in bezug auf die Kartonquadrate unendlich. Man sagt demgemäß, die Ebene sei ein unendliches Kontinuum von zwei Dimensionen, der Raum ein solches von drei Dimensionen; was hier unter Dimensionszahl verstanden wird, darf ich wohl als bekannt voraussetzen.

Nun geben wir ein Beispiel eines zweidimensionalen Kontinuums, das endlich, aber ohne Grenzen ist. Wir denken uns die Oberfläche eines großen Globus und eine Menge gleicher kreisrunder kleiner Papierscheibchen. Wir legen ein solches Scheibchen irgendwo an die Globusoberfläche an. Verschieben wir es mit dem Finger beliebig auf der Globusfläche, so stoßen wir bei dieser Reise nirgends an eine Grenze. Wir sagen deshalb, die Kugelfläche des Globus sei ein unbegrenztes Kontinuum. Die Kugelfläche ist ferner ein endliches Kontinuum. Klebt man nämlich solche Papierscheibchen auf den Globus auf, derart, daß niemals zwei Scheibchen aufeinander geklebt werden, so wird die Globusfläche endlich so voll, daß kein neues Scheibchen mehr darauf geht; dies bedeutet eben, daß die Kugelfläche des Globus in bezug auf die Papierscheibchen endlich sei. Die Kugelfläche ist ferner ein nichteuklidisches Kontinuum von zwei Dimensionen, d. h. die Lagerungsgesetze für in ihr liegende starre Gebilde stimmen nicht mit denen der euklidischen Ebene überein. Dies ist so zu konstatieren. Man lege um ein Kreisscheibchen sechs Kreisscheibchen im Kreise herum, um jedes dieser wieder sechs usw. Macht man diese Konstruktion auf der Ebene, so entsteht auf ihr eine lückenlose Lagerung, bei welcher jedes nicht außen liegende Scheibchen von sechs Scheibchen berührt wird. Auf der Kugelfläche scheint die Konstruktion anfangs auch zu gelingen, desto besser, je kleiner der Radius des Scheibchens gegen den der Kugel ist. Je weiter die Konstruktion vorschreitet, desto mehr wird es offenkundig, daß die Lagerung der Scheibchen

Abb. 1.

in der angedeuteten Weise nicht lückenlos möglich ist, wie es gemäß der euklidischen Geometrie der Ebene sein sollte. Auf diese Weise könnten selbst Wesen, die die Kugelfläche nicht verlassen können, und die auch nicht aus der Kugelfläche heraus in den dreidimensionalen Raum gucken können durch bloßes Experimentieren mit Scheibchen feststellen, daß ihr zweidimensionaler „Raum" kein euklidischer sondern ein sphärischer ist.

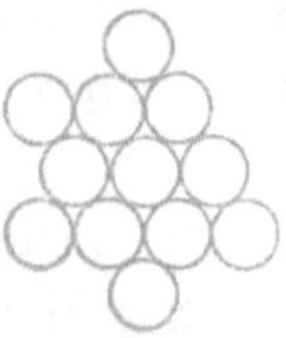

Nach den letzten Ergebnissen der Relativitätstheorie ist es wahrscheinlich, daß auch unser dreidimensionaler Raum ein angenähert sphärischer ist, d. h. daß die Lagerungsgesetze starrer Körper in ihm nicht durch die euklidische sondern angenähert durch die sphärische Geometrie gegeben werden, wenn man nur genügend große Gebiete der Betrachtung unterwirft. Hier ist nun die Stelle, an welcher die Anschauung des Lesers revoltiert. „Dies kann

sich kein Mensch vorstellen," sagt er entrüstet. „Dies
kann man wohl sagen, aber nicht denken. Ich kann mir
wohl eine Kugelfläche, nicht aber ihr dreidimensionales
Analogon vorstellen."

Diese Barriere des Gedankens gilt es zu überwinden,
und der geduldige Leser wird sehen, daß es gar keine be-
sonders schwierige Sache ist. Wir wollen uns zu diesem
Zweck zunächst wieder der Betrachtung der Zweidimension-
Kugelflächengeometrie zuwenden. Es sei in der neben-
stehenden Figur K die Kugelfläche, E eine sie bei S be-

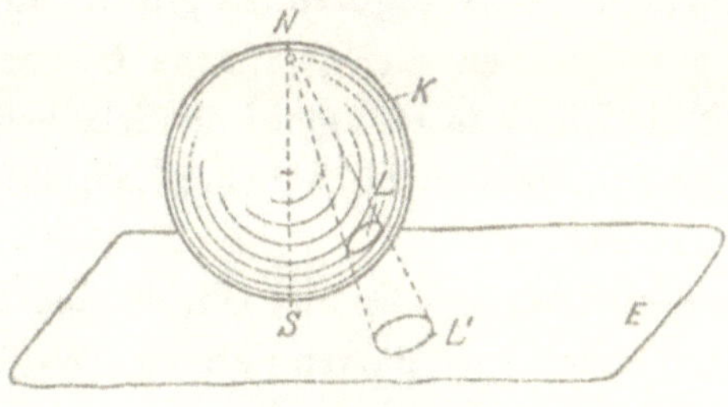

Abb. 2.

rührende Ebene, welche in der Zeichnung zur Erleichterung
der Vorstellung als begrenzte Platte angedeutet ist. Es sei
ferner L ein Scheibchen auf der Kugelfläche. Wir denken
uns nun auf dem S diametral gegenüberliegenden Punkte N
der Kugelfläche einen Lichtpunkt angebracht, der von dem
Scheibchen L auf der Ebene E einen Schatten L' wirft.
Zu jedem Punkt auf der Kugel gehört ein Schatten desselben auf der Ebene. Bewegt sich das Scheibchen auf der
Kugel K, so bewegt sich auch das Schattenbild L' auf der
Ebene E. Befindet sich das Scheibchen L bei S, so fällt es
fast genau mit einem Schatten zusammen. Bewegt es sich
von S aus auf der Kugelfläche nach oben, so entfernt sich
der Scheibchenschatten L' auf der Ebene von S weg auf der
Ebene nach außen und wird dabei immer größer. Nähert sich

das Scheibchen L dem Lichtpunkte N, so wandert der Schatten ins Unendliche und wird dabei unendlich groß.

Wir fragen nun: Welches sind die Lagerungsgesetze der Schattenscheibchen L' auf der Ebene E? Nun, offenbar genau dieselben wie die Lagerungsgesetze der Scheibchen L auf der Kugelfläche. Denn es entspricht jeder Originalfigur auf K eine Schattenfigur auf E. Berühren sich zwei Scheibchen auf K, so berühren sich auch ihre Schatten auf E. Die Schattengeometrie auf der Ebene stimmt überein mit der Scheibchengeometrie auf der Kugel. Nennen wir die Scheibchenschatten starre Figuren, so gilt auf der Ebene E mit Bezug auf dieselben die sphärische Geometrie. Insbesondere ist die Ebene in bezug auf die Scheibchenschatten endlich, da die Schatten nur in endlicher Zahl auf der Ebene Platz finden können.

Nun wird man sagen: „Das ist Unsinn; die Scheibchenschatten s i n d eben keine starren Figuren. Wir brauchen ja nur einen Maßstab auf der Ebene E zu verschieben, um uns davon zu überzeugen, daß die Schatten immer größer werden, wenn sie von S aus auf der Ebene nach dem Unendlichen wandern." Wie aber, wenn sich auf der Ebene E die Maßstäbe ähnlich verhielten wie die Schattenscheibchen L'? Dann wäre es nicht mehr zu konstatieren, daß die Schatten bei Entfernung von S aus wachsen; dann hätte diese Aussage überhaupt keinerlei Sinn mehr. Überhaupt ist das einzige, was sich über die Schattenscheibchen objektiv aussagen läßt, eben das, daß sie sich geometrisch genau so verhalten wie starre Scheibchen auf der Kugelfläche im Sinne der euklidischen Geometrie.

Es ist wohl zu überlegen, daß unsere Aussage vom Wachsen der Scheibchenschatten bei der Entfernung von S nach dem Unendlichen an sich keine objektive Bedeutung hat, solange wir keine euklidisch starren Körper, die auf E

verschiebbar sind, zum Vergleich heranziehen können. In bezug auf die Lagerungsgesetze der Schatten L' ist der Punkt S auf der Ebene ebensowenig bevorzugt wie auf der Kugelfläche.

Die im vorigen gegebene Veranschaulichung der sphärischen Geometrie auf der Ebene ist deshalb für uns von Wichtigkeit, weil sie sich sehr bequem auf den dreidimensionalen Fall übertragen läßt.

Man denke sich nämlich einen Punkt S unseres Raumes sowie eine große Zahl kleiner Kugeln L', die alle miteinander zur Deckung gebracht werden können. Diese Kugeln sollen aber nicht starr sein im Sinne der euklidischen Geometrie, sondern ihr Radius soll (im Sinne der euklidischen Geometrie beurteilt) zunehmen, wenn man sie von S aus gegen das Unendliche bewegt, und zwar soll diese Zunahme genau nach demselben Gesetz erfolgen wie die Zunahme der Radien der Schattenscheibchen L' auf der Ebene.

Nachdem man sich das geometrische Verhalten unserer Kugeln sehr lebhaft vorgestellt hat, nehme man an, daß es in unserem Raume starre Körper im Sinne der euklidischen Geometrie überhaupt nicht gebe, sondern nur Körper vom Verhalten unserer Kugeln L'. Dann haben wir ein lebendiges Bild vom dreidimensionalen sphärischen Raume oder, besser gesagt, von der dreidimensionalen sphärischen Geometrie. Dabei müssen wir unsere Kugeln „starre" Kugeln nennen. Ihr Anwachsen · bei Entfernung von S macht sich beim Messen mit Meßstäben ebensowenig bemerkbar wie im Falle der Schattenscheibchen auf E, weil sich die Maßstäbe ebenso verhalten wie die Kugeln. Der Raum ist homogen, d. h. es sind in der Umgebung aller Punkte dieselben Kugelkonfigurationen möglich*). Unser Raum ist endlich, denn

---

*) Man versteht dies ohne Rechnung, allerdings nur für den zweidimensionalen Fall, indem man wieder auf den Fall des Scheibchens auf der Kugelfläche zurückgreift.

es haben — infolge des „Wachsens" der Kugeln — nur endlich viele im Raume Platz.

Wir haben so ein anschauliches Bild der sphärischen Geometrie gewonnen, indem wir uns der Denk- und Vorstellungsübung auf dem Gebiete der euklidischen Geometrie als Krücke bedienten. Es macht keine Schwierigkeit, die so gewonnenen Vorstellungen durch Ausführung von speziellen gedachten Konstruktionen zu vertiefen und weiter zu beleben. Es würde auch keine Schwierigkeit haben, den Fall der sogenannten elliptischen Geometrie in analoger Weise zu veranschaulichen. Hier war es mir nur darum zu tun zu zeigen, daß das menschliche Anschauungsvermögen keineswegs vor der nichteuklidischen Geometrie zu kapitulieren braucht.

Ernst Siegfried Mittler und Sohn, Buchdruckerei G. m. b. H.
Berlin SW 68, Kochstr. 68—71.

GPSR Compliance
The European Union's (EU) General Product Safety Regulation (GPSR) is a set
of rules that requires consumer products to be safe and our obligations to
ensure this.

If you have any concerns about our products, you can contact us on

ProductSafety@springernature.com

In case Publisher is established outside the EU, the EU authorized
representative is:

Springer Nature Customer Service Center GmbH
Europaplatz 3
69115 Heidelberg, Germany